Abhandlungen
der Bayerischen Akademie der Wissenschaften
Mathematisch - naturwissenschaftliche Abteilung
XXXI. Band, 3. Abhandlung

Die Abwürfe des zahmen Edelhirsches „Hans"

von

Ludwig Döderlein

Mit 2 Tafeln

Vorgetragen am 6. November 1926

München 1927
Verlag der Bayerischen Akademie der Wissenschaften
in Kommission des Verlags R. Oldenbourg München

In der so vortrefflich gelungenen Jagdausstellung, die im Sommer des vorigen Jahres einen der Hauptanziehungspunkte in München für Einheimische und Fremde bildete, war eine größere Anzahl von Sehenswürdigkeiten und Seltenheiten für kurze Zeit ausgestellt, die das Staunen und die Bewunderung von jedem Freund von Wild und Weidwerk erregen mußten. Keine von diesen allen fesselte mein Interesse in so hohem Maße wie die von S. K. H. dem Prinzen Alfons von Bayern ausgestellte lange Reihe von Geweihen des zahmen Edelhirsches „Hans“, die fast lückenlos die Abwurfstangen dieses Hirsches seit März 1863, während 18 Jahren seines Lebens, enthielt. Er war im Nymphenburger Park in halb-wildem Zustande gehalten worden, bis er im Herbst 1880 an Altersschwäche einging. Das letzte Stück der langen Reihe stellte das ausgestopfte Haupt des Hirsches mit seinem letzten Geweih dar.

Bei Betrachtung dieser bewundernswerten Sammlung hatte ich die Ansicht geäußert, wie wünschenswert es doch wäre, daß sie in der Zoologischen Staatssammlung von München zur Aufhängung käme, wo sie jedermann dauernd zugänglich wäre. Seine K. Hoheit, dem das durch Herrn Eschenbach berichtet worden war, ließen mir bald darauf seinen hoch-herzigen Entschluß mitteilen, „daß diese Kollektion der Zoologischen Staatssammlung als Leihgabe überwiesen werden soll mit der Bedingung, daß sie einen würdigen Aufhängeplatz daselbst erhielte“. Die Zoologische Staatssammlung, die dem Hause Wittelsbach schon so viel seit ihrer Gründung zu verdanken hat, kam dadurch in den Besitz einer ganz hervor-ragenden, auch wissenschaftlich höchst wertvollen Sehenswürdigkeit. Jeder Jäger, jeder Freund der einheimischen Tierwelt wird Seiner K. Hoheit Dank dafür wissen. Leider ist aber unter den gegenwärtigen Raumverhältnissen in der Staatssammlung eine völlig be-friedigende Aufhängung der so interessanten Sammlung nicht zu erreichen.

Der Sammlung wurde von Seiner K. Hoheit auch eine Bleistiftskizze beigefügt, die den Hirsch im Jahre 1872 darstellt, sowie folgende Erläuterung:

„Der zahme Edelhirsch „Hans“ stammt aus dem Forstenrieder Park und wurde als Hirschkalb im Walde gefunden (Muttertier wahrscheinlich eingegangen). Der Vater Seiner K. Hoheit Prinz Alfons, weiland Seine K. Hoheit Prinz Adalbert v. B. ließ das Hirschkalb in einen Einfang vom Nymphenburger Park verbringen und mit der Milchflasche aufziehen; im späteren Verlauf erhielt dasselbe außer Grün- und Rauhfutter etwas Hafer, Kartoffeln, Rüben und Kastanien. Der Hirsch ging mit 21 Jahren an Altersschwäche ein. Die Geweih-abwürfe wurden gesammelt und das Abwurfsdatum jeweils auf dem Aufmacheschild angebracht. Der Hirsch zeigt eine für unsere Verhältnisse besonders starke Geweihbildung in regel-mäßiger und schöner Vereckung bis in das letzte Drittel seines Lebens. Im letzten Drittel

1*

wurden die Stangen schwächer und die Vereckung unregelmäßig, Folgen von beginnender Altersschwäche trotz besten Futters und Pflege. Das letzte Geweih, stark degeneriert, ist auf dem ausgestopften Haupt schädelecht. Seine K. Hoheit haben sich von dieser seltenen Kollektion nur im Interesse der staatlichen zoologischen Sammlung getrennt und freuen sich, dem vom Wittelsbacher Hause seinerzeit gegründeten wissenschaftlichen Institut damit einen Dienst haben erweisen zu können".

Diese Sammlung von Abwürfen des zahmen „Hans" ist nicht nur von besonderem sportlichen Interesse, sondern auch von größtem wissenschaftlichen Wert beim Studium der Geweihbildung des Edelhirsches überhaupt, speziell seiner oberbayerischen Rasse. Größere Reihen von Abwürfen desselben Hirsches sind ja immer eine Seltenheit in unseren Sammlungen von Hirschgeweihen. Hier liegt nun aber eine fast lückenlose Reihe vor, angeblich vom dritten Geweih an, das ein Hirsch in seinem 4. Lebensjahre schob, bis zu seinem 21. Geweih, das er in seinem 22. Lebensjahre schob, nach dessen Ausbildung er an Altersschwäche einging. Es fehlen nur die Abwürfe aus dem Jahre 1877, die leider abhanden gekommen sind. Für eine ganz vollständige Reihe würden dann noch die beiden ersten Geweihe fehlen, vermutlich das eines Spießers und eines Achtenders, die, wie leicht erklärlich, seinerzeit keine Beachtung gefunden hatten und nicht aufbewahrt wurden, während das 3. Geweih, die Abwürfe von 1863 eines ungeraden Vierzehnenders, wegen seiner für dieses Alter ungewöhnlich hohen Endenzahl sorgfältig montiert und aufgehängt wurde. An dieses schloß sich dann die so interessante Reihe aller übrigen Abwürfe an.

Es wäre interessant zu erfahren, wo eine derartig vollständige Reihe von Abwürfen, die auch die so stark degenerierten Geweihe der letzten Lebensjahre enthält, sonst noch in einer Sammlung vorhanden ist.

Die Angabe, daß der Hirsch 21 Jahre alt war, als er verendete, beruht übrigens nur auf mündlicher Überlieferung. Es ist daher nicht ganz ausgeschlossen, daß die Abwürfe des Jahres 1863, die die für das dritte Geweih ganz ungewöhnlich hohe Zahl von 13 Enden aufweisen, vielleicht doch schon das vierte Geweih darstellen.

In dieser einzigartigen geschlossenen Kollektion von Hirschgeweihen aus 19 Jahrgängen lassen sich sehr scharf zwei Abschnitte unterscheiden, deren einer eine aufsteigende, der andere eine absteigende Reihe darstellt.

Die aufsteigende Reihe enthält die 12 schönen, regelmäßigen und wohlgeformten Geweihe des gesunden Hirsches, der sich in voller Lebenskraft befand, darunter eine imposante Reihe von 9 kapitalen Vierzehnendern. Es läßt sich daran verfolgen, wie das Geweih von Jahr zu Jahr immer stärker und wuchtiger wird mit geringen Schwankungen, von den Abwürfen 1863 an, erst in etwas schnellerem, dann immer langsamer werdendem Tempo, bis es mit den prachtvollen Abwürfen von 1874 seinen Höhepunkt erreicht.

Dann folgt unvermittelt die absteigende Reihe mit 7 Geweihen (von denen nur eins noch fehlt) von völlig anderem Aussehen, unschön, unregelmäßig, verkrüppelt und z. T. verkümmert, die von dem altersschwachen, vielleicht kränklichen Hirsch stammen, der langsam aber sicher seinem Ende entgegengeht. Sie beginnt mit den Abwürfen des Jahres 1875, an denen sich plötzlich eine auffallende Degeneration des Geweihes zeigte, die auf starke Abnahme der Lebenskraft hinweist. Diese scheint sich wohl im nächsten Jahre etwas zu bessern, nimmt dann aber in den 5 folgenden Jahren immer mehr ab unter immer stärkeren Zeichen von Degeneration am Geweih, bis im Jahre 1880 der Tod erfolgte.

Ob die ersten Zeichen der Degeneration im 16. Jahre seines Lebens lediglich auf Altersschwäche zurückzuführen sind, oder ob eine Erkrankung dabei mitwirkte, ist ungeklärt. Jedenfalls zeigen die Abwürfe der letzten Jahre immer deutlicher, daß die Lebenskraft des edlen Hirsches hoffnungslos gebrochen ist. Diese Degenerationserscheinungen kommen in zahlreichen Einzelheiten des Geweihes zum Ausdruck, sie sind sehr charakteristisch und wiederholen sich an allen späteren Abwürfen in ähnlicher, dabei aber mannigfaltiger Weise.

Solche Degenerationserscheinungen kommen mitunter auch an Geweihen, die aus freier Wildbahn stammen, zur Beobachtung, sind aber verhältnismäßig selten. Das ist erklärlich. Im umhegten Park ist der Hirsch vor den zahlreichen Gefahren geschützt, die ihn draußen beim Leben in voller Freiheit stündlich umlauern, um ihm ein vorzeitiges, gewaltsames Ende zu bereiten. Selbst kränklich und schwach schiebt er aber hier Jahr für Jahr sein immer dürftiger werdendes Geweih, bis er zuletzt ein natürliches Ende aus Altersschwäche nimmt. Auf freier Wildbahn läßt man ihm dazu nicht die Zeit. Was da krank oder altersschwach wird, fällt bald dem Raubzeug oder Nebenbuhlern zum Opfer; wo aber Raubzeug in den Kulturländern fehlt, bringt ihn eine Kugel zur Strecke, zumeist schon lange bevor er Alterserscheinungen zeigt zu einer Zeit, da er noch in vollster Lebenskraft sich des Besitzes eines kapitalen Geweihes erfreut. Aber auch die im Gehege gehaltenen Hirsche werden in der Regel durch eine Kugel erledigt, wenn sie im Alter bösartig werden, oder wenn sie anfangen zu kränkeln. Jedenfalls werden fast ausnahmslos nur Hirsche, die in Gefangenschaft leben, das Alter erreichen können, in dem sie infolge von Altersschwäche stärker degenerierte Geweihe tragen. Daher werden derartige Reihen von Abwürfen mit natürlichen Alterserscheinungen stets zu den größten Seltenheiten gehören.

Ueber den Aufbau des Edelhirschgeweihes.

In dieser zusammenhängenden Reihe von Abwürfen lassen sich nun Schritt für Schritt alle die Veränderungen feststellen, die mit fortschreitendem Alter am Geweih eines Hirsches auftreten. Im vorliegenden Fall zeigt es sich, daß diese Veränderungen bis zum 16. Lebensjahre mit nur ganz geringen Schwankungen fortschrittlich gerichtet waren bis zu einem Höhepunkt, um dann plötzlich aus nicht sicher festzustellenden Ursachen eine rückschrittliche Richtung einzuschlagen, die bis zum Lebensende anhält. Es liegt nahe, die plötzliche Änderung im ganzen Habitus der Geweihe, die sich dabei zeigt, mit dem Aufhören der Geschlechtsfunktionen in Zusammenhang zu bringen.

Was nun in der aufsteigenden Reihe von Geweihen jedenfalls als sehr auffallend anzusehen ist, das ist die Tatsache, daß bereits das 3. Geweih des Hirsches (Abwürfe von 1863) einen Vierzehnender zeigt, was vielleicht der besonders guten Ernährung zuzuschreiben ist, wenn nicht doch ein Irrtum in der Altersangabe vorliegt. Daß aber, solange der Hirsch gesund und lebenskräftig war, bis zu seinem 16. Jahre keine Stange mehr als 7 Enden aufweist trotz der andauernd günstigen Lebens- und Ernährungsverhältnisse, bei denen das Geweih sich besonders stattlich entwickelte, kann nur so gedeutet werden, daß bei der oberbayerischen Rasse von Edelhirschen der Vierzehnender der höchste Zustand ist, der am Geweih normalerweise erreicht wird, und daß eine höhere Endenzahl

als etwas Ungewöhnliches anzusehen ist.[1]) Ich bin der Ansicht, daß der zahme „Hans"
als typischer Vertreter der oberbayerischen Edelhirsche gelten darf, besonders auch, weil er
aus einer Zeit stammt, in der eine Einwirkung von fremdem, eingeführtem Blut unwahr-
scheinlich ist.

Während nun in der aufsteigenden Reihe das ganze Aussehen aller dazugehörigen
Geweihe eine gewisse Übereinstimmung zeigt, läßt jedes einzelne von ihnen mehr oder
weniger auffallende Eigentümlichkeiten erkennen, durch die es sich von den übrigen sehr
deutlich unterscheidet. Auch die beiden Stangen desselben Geweihes zeigen ähnliche große
Unterschiede. Die Unterschiede in der Ausbildung der einzelnen Stangen sind tatsächlich
oft so groß, daß ich es für ausgeschlossen halten müßte, bloß nach den äußeren Merkmalen, die die einzelnen Stangen bieten, mit einiger Sicherheit zu erkennen, ob solche
wirklich die Abwürfe des gleichen Individuums aus verschiedenen Jahren sind, oder ob
zwei isolierte Stangen zu einem Paar zusammen gehören. Es ist nun sehr interessant
einmal festzustellen, welche der Merkmale an den Geweihen eine solche Konstanz zeigen,
daß die Übereinstimmung im Habitus dadurch hervorgerufen wird, und welche Merkmale
so veränderlich sind, daß sie die auffallenden Verschiedenheiten unter den Geweihen zu
verursachen imstande sind. Dasselbe gilt auch für die Geweihe der absteigenden Reihe,
die unter einander ebenfalls gewisse Übereinstimmungen zeigen neben sehr auffallenden
Verschiedenheiten. Ihr ganzer Habitus zeigt so tiefgehende Unterschiede von den Geweihen der aufsteigenden Reihe, daß es schwer fällt zu glauben, daß sie von demselben
Individuum stammen, und daß sie alle die Geweihe des gleichen Hirsches darstellen.

Der hohe wissenschaftliche Wert der vorliegenden Sammlung besteht nun darin, daß
sie Gelegenheit bietet, an einem Individuum mit allen wünschenswerten Einzelheiten zu
beobachten, welcher Änderungen das Geweih eines Hirsches im Verlaufe von 19 Jahren
seines ganzen Lebens fähig war, vor allem welchen Einfluß auf die Entwicklung des
Geweihes das Alter des Hirsches ausübte. Die Veränderungen, die bei diesem überaus
plastischen Gebilde beobachtet werden, sind in diesem Fall nicht auf die verschiedenen
individuellen Anlagen verschiedener Individuen zurückzuführen. Beobachtungen darüber
liegen wohl schon vor an Geweihen aus der ersten Lebenszeit der Hirsche, deren Entwicklung bis zu kapitalen Geweihen beschrieben werden konnte. Der Abbau eines kapitalen Geweihes aus Altersschwäche jedoch, wie er hier an einer ganzen Reihe von Abwürfen geschildert werden kann, dürfte nicht minderes Interesse bieten.

Das Geweih ist ein umfangreiches Organ, das jedes Jahr vollständig beseitigt wird,
um jedes Jahr wieder vollständig neu aufgebaut zu werden, und zwar jedesmal gleich in
zwei Ausgaben, einer rechten und einer linken Stange, die einander völlig gleichwertig
sind. Diese stellen ansehnliche Knochengerüste dar, die kompliziert genug sind, um in
ihren äußeren Formen zahlreiche Einzelheiten deutlich zu zeigen, die einer verschiedenen
Ausbildung fähig sind, und zugleich einfach genug, um in allen diesen Einzelheiten leicht
sich überblicken zu lassen.

Dem Aufbau jeder Stange liegt stets der gleiche Bauplan zugrunde, der einerseits
der Rasse des Hirsches entspricht, andererseits dem Individuum eigentümliche Züge zeigt.
Es hängt nun von der Lebenskraft des Hirsches ab, die von seinem Alter und von äußeren
Lebensbedingungen beeinflußt wird, wie weit dieser Bauplan jedes Jahr an jeder der beiden

---

1) R. v. Dombrowsky, 1884, Die Geweihbildung der europäischen Hirscharten.

Stangen durchgeführt wird. In seinen ersten Jahren besitzt der jugendliche Hirsch noch nicht die Lebenskraft, um den ganzen Bauplan vollständig zur Ausführung zu bringen. Im vorliegenden Fall gelang es aber dank der sehr günstigen Lebensverhältnisse, bereits beim Aufbau des 3. Geweihes mit 7 Enden an einer Stange den Bauplan in seinen wesentlichen Zügen vollständig durchzuführen. Erst vom 6. Geweih an gelang das wieder und von da an jedes Jahr mit einigen geringen Schwankungen bis zum 14. Geweih. Stets zeigt das Geweih bis dahin harmonische Verhältnisse in allen Teilen. Dabei erreicht es im Wesentlichen immer die gleichen Formen, und die Stangen nehmen an Masse und Größe zu entsprechend der wachsenden Lebenskraft. Die Verschiedenheiten in der Ausbildung der einzelnen Stangen bei diesen gesunden Geweihen lassen sich als Beschleunigungen oder Verzögerungen bei Ausführung einzelner Teile des Bauplans erklären.

Bei den späteren Geweihen zeigt sich auf einmal der Einfluß der Altersschwäche in der unregelmäßigen und immer unvollkommener werdenden Ausführung des Bauplans. In keinem Falle kann aber, trotz der überaus großen Mannigfaltigkeit in der Ausbildung der einzelnen Stangen, von einer grundsätzlichen Aenderung des Bauplans gesprochen werden.

Erläuterungen zu den Tabellen.

Zum Zwecke der Beurteilung und Vergleichung der einzelnen Geweihe, bezw. der einzelnen Abwurfstangen des zahmen „Hans" habe ich Maße (in cm) für die Länge, die Höhe, die Dicke und den Umfang der Stangen sowie den Umfang der Rose genommen. Diese, sowie das Gewicht der Geweihe (in Kilogramm) sind in Tabelle 1 übersichtlich zusammengestellt, ebenso die Endenzahl der einzelnen Stangen.

Die Auslage der Geweihe konnte natürlich nicht festgestellt werden, da es sich um Abwurfstangen handelt. Sie dürfte aber ungefähr so sein, wie sie die montierten Abwürfe in ihrer Mehrzahl darstellen (s. Abbildungen). Danach wären die Geweihe von 1863, 1871 und 1874 zu eng in ihrer Auslage montiert.

Die Auslage ist bei vielen Individuen der oberbayerischen Hirsche sehr weit, wie beim zahmen „Hans", bei anderen kann sie auffallend eng sein. Sie bleibt bei allen Geweihen, die ein Hirsch schiebt, ungefähr die gleiche.

Da die ersten Geweihe des zahmen „Hans" nicht vorhanden sind, wurde sowohl in den Tabellen wie bei den Abbildungen die Reihe der Abwürfe durch das Geweih eines Spießers und eines ungeraden Eissprossenzehners aus der Umgebung von München vervollständigt.

a) Die Länge jeder Stange ist der Krümmung nach gemessen von der Rose bis zur höchsten Spitze.

b) Die Höhe der Stangen stellt die direkte Entfernung zwischen diesen beiden Punkten dar. Nach dem Unterschied beider Maße kann auch die Krümmung der Stangen beurteilt werden.

c) Die Dicke jeder Stange wurde zwischen Eissproß und Mittelsproß gemessen. Es wurde der größte Durchmesser festgestellt in der Mitte zwischen beiden.

d) Der Umfang der Stangen wurde an derselben Stelle gemessen.

e) Bei Feststellung der Endenzahl wurden alle Enden gezählt, die wesentlich mehr als 1 cm vorragen.

f) Zur Feststellung des Gewichtes der ganzen Geweihe ließ es sich nicht verantworten, die durchgehends sehr schön montierten Abwürfe von ihren Aufmacheschildern zu lösen, so daß diese mitgewogen werden mußten. Es wurde aber an einigen Proben das Gewicht dieser Schilder festgestellt und an allen Geweihen ein auf Grund dieser Wägungen abgeschätzter Bruchteil des Gewichtes in Abzug gebracht. Trotz dieser unvermeidlichen und nicht unerheblichen Fehlerquelle sind auch diese Zahlen jedenfalls wertvoll.

Die Tabellen 2 und 3 enthalten die Längenmaße der einzelnen Sprossen bzw. Enden, und zwar wurde die Entfernung der Spitze des Sprosses von der Mitte der Stange genommen an der Ursprungsstelle des Sprosses. Nur die meist stark gebogenen Augensprossen wurden auch der Krümmung nach gemessen und die gefundenen Werte in der Tabelle nebeneinander gestellt, durch ein Komma getrennt. Wenn ein von der Stange entspringender Hauptsproß sich gabelt, sein unteres Stück aber ungeteilt bleibt, dann wurde von der Spitze des längeren Gabelendes bis zur Stange gemessen (beim Endsproß bis zum Ursprung des Wolfsprosses), das kürzere Gabelende aber nur bis zu seiner Ursprungsstelle am Hauptsproß selbst. In diesen Fällen sind die Zahlen für die beiden Gabelenden durch + verbunden. Sind die Gabelenden jedoch bis zum Grunde getrennt, so wurden beide bis zur Stange gemessen.

Tabelle I.

Datum des Abwurfs	Rechte Stange				Linke Stange			Umfang der		Gewicht des Geweihes in kg
	Länge	Höhe	Dicke	Zahl der Enden	Länge	Höhe	Dicke	Stange	Rose	
(Spießer)	35	32	2.1	1	1	34	30	2.2	7	8,5	0.25
(Zehnender)	65	59	3.4	5	4	66	60	3.4	12	17	2.1
17. 3. 1863	75	70	3.8	6	7	76	71	3.7	12	18	3.4
8. 3. 1864	85	77	4.5	5	6	83	73	4.4	13	21	4.3
4. 3. 1865	85	76	4.9	5	6	89	77	4.6	14	22	4.3
28. 2. 1866	90	86	4.7	7	6	89	81	4.7	15	23	5.1
1. 3. 1867	89	85	4.7	7	7	94	85	4.7	15	24	5.4
29. 2. 1868	93	87	4.8	7	6	93	84	4.8	15	24	5.4
23. 3. 1869	96	85	5.5	7	7	95	90	4.6	16	26	6.0
3. 3. 1870	106	89	5.7	7	6	102	92	5.3	17	26	6.4
2. 3. 1871	96	88	5.6	7	7	96	89	5.0	16	25	6.0
27. 2. 1872	103	89	5.8	7	6	105	93	5.2	17	26	6.4
27. 2. 1873	98	86	5.3	7	6	103	91	5.0	17	26	6.4
23. 2. 1874	107	93	5.6	7	7	103	91	7.0	17	28	6,7
27. 2. 1875	96	88	6.1	7	4	100	83	5.1	16	24	4.9
2. 1876	100	85	6.2	8	7	98	83	5.3	16	24	5.5
1877										
3. 1878	87	76	5.1	5	6	86	78	4.9	14	24	4.3
3. 1879	85	70	5.4	3	4	81	72	5.1	14	23	4.0
2. 1880	78	69	5.5	4	4	82	76	5.4	14	22	3.6
25. 9. 1880 †	67	53	4.6	3	3	68	62	4.4	13	21	2.6

Tabelle 2.

Rechte Stange

Jahr des Abwurfs (Spießer) / (Zehnender)	Endsproß (äußeres / inneres Ende)	Wolfsproß (äußeres / inneres Ende)	Mittelsproß	Eissproß	Augsproß
(Spießer)	35				
1863	26	18	16	4	17,18
1864	10 + 26	18	23	3	24,26
1865	28	21	29	4	25,27
1866	21	20	25	18	28,33
1867	10 + 28	5 + 22	31	10	29,37
1868	8 + 23	0.5 + 19	30 + 11	19	31,89
1869	9 + 24	26 + 18	30	15	29,33
1870	13 + 36	28 + 18	30	17	31,39
1871	18 + 32	30	30	17	32,38
1872	9 + 33	24 + 9	29	7	28,40
1873	13 + 35	17 + 23	31	4	29,39
1874	7 + 24	32	28	16	30,37
1875	19 + 34	35	26	2	30,35
1876	14	16	15	14	5 + 22
1877	3 + 24	5 + 9	28	12	3 + 32
1878	21	17	14	10	1 + 25
1879	1	20	16		28,31
1880	35	44	12 + 1		1 + 24
1880 †	17	27			1 + 24

Tabelle 3.

Linke Stange

Jahr des Abwurfs (Spießer) / (Zehnender)	Augsproß	Eissproß	Mittelsproß	Wolfsproß (inneres / äußeres Ende)	Endsproß (inneres / äußeres Ende)
(Spießer)					34
1863	18,19	1	18	22	26
1864	26,28	11	22	19 + 11	28 + 12
1865	28,32	15	25	19	24 + 2
1866	32,36	19	27	17 + 7	35
1867	32,37	25	29	28	33 + 12
1868	33,37	20	26	23 + 3	32 + 13
1869	32,36	23	29	25	18 + 28
1870	34,39	26	34	23 + 5	37 + 20
1871	36,39	19	30	34	41 + 15
1872	32,42	23	35	24 + 7	21 + 31
1873	31,39	22	35	34	38 + 17
1874	33,41	25	35	24	36 + 19
1875	34,41	13	27	22 / 35	28 + 12
1876	32 † 1	0.5	15	16 + 8	35
1877	24 + 2	13	30		15
1878	1 + 24 + 2		7	25 + 6	24
1879	25,32		15	23	25
1880	33,44		15,21	29	29
1880 †	24,33		1	14	20

Veränderungen am Geweih des zahmen „Hans".

Aus den Tabellen ergibt sich deutlich, daß im allgemeinen alle Werte zunehmen mit dem Alter, zuerst in rascherem Tempo, das sich bald sehr verlangsamt, aber· bis zu dem 14. Geweih fortdauert (Abwürfe von 1874). Damit ist der Höhepunkt erreicht, worauf die sämtlichen Werte wieder sinken bis zum Ende im Jahre 1880. Doch ist keine gleichmäßige Zunahme oder Abnahme zu beobachten in den aufeinanderfolgenden Jahren, sondern es treten größere oder geringere Schwankungen dabei auf. Auffallend ist, daß in Bezug auf Länge die linken Stangen die größere Konstanz zeigen, in Bezug auf Endenzahl die rechten Stangen.

Die Zunahme an Länge einer Stange von einem Jahr zum nächsten ist sehr verschieden und erreicht im höchsten Fall 10 cm. Die Gewichtszunahme des Geweihes kann von einem Jahr zum nächsten nahezu 1 kg betragen. Mitunter kommt es in einem Jahr zu einer Abnahme, doch von geringer Bedeutung, die aber im nächsten Jahr wieder ausgeglichen wird.

Aus der Tabelle ist ersichtlich, daß von 1863 bis 1874 die rechte Stange an Länge von 75 auf 107 cm steigt, an Höhe von 70 auf 93 cm, an Dicke von 3,8 auf 5,6 cm, an Umfang von 12 auf 17 cm, bei der Rose von 18 auf 28 cm, während das Gewicht des Geweihes von 3.4 auf 6.7 kg steigt.

Das Gewicht hat sich in diesem Zeitraum also ungefähr verdoppelt, während die Länge einer Stange um etwas weniger als die Hälfte, die Höhe und der Umfang um ein Drittel, die Dicke auch etwa um die Hälfte zugenommen hat.

Die Abnahme von 1874 ab erfolgt in etwas schnellerem Tempo als die Zunahme und erreicht an Länge und Höhe beim letzten Geweih 1880 ungefähr den Zustand, den das 2. Geweih des Hirsches von 1862 schätzungsweise etwa gehabt haben dürfte. An Dicke haben die Stangen weniger abgenommen und nur den Zustand der Abwürfe des 4. Geweihes von 1864 erreicht, ebenso an Umfang der Stange und der Rose, während das Gewicht beträchtlich unter dem des 3. Geweihes bleibt.

Die Werte für die beiden Stangen desselben Geweihes sind nie ganz gleich. Der Unterschied an Länge überschreitet den Betrag von 5 cm nicht. Bald ist es die rechte, bald die linke Stange, die die längere ist. Auffallender ist der Unterschied in der Dicke, indem die linken Stangen fast durchgehends etwas schwächer sind als die rechten.

Die Krümmung der Stangen läßt sich an dem Unterschied zwischen Länge und Höhe bemessen. Dieser beträgt bei dem gesunden Geweih im geringsten Fall 4—5 cm (1863, 1869), im höchsten Fall 17 cm (1870 rechts). Im allgemeinen ist der Unterschied und damit die Krümmung bei den starken Geweihen bedeutender als bei den schwächeren. Bei den degenerierten Geweihen nach 1874 zeigen sich auch in der Krümmung große Unregelmäßigkeiten.

Während die Endenzahl an den einzelnen Stangen aus der Tabelle 1 ersichtlich ist, stelle ich hier die Gesamtendenzahl der beiden Stangen an den einzelnen Geweihen· in der Reihenfolge der Jahre zusammen, wie sie uns in den Abwürfen 1863 bis zum letzten Geweih vom Herbst 1880 entgegentritt. Zur Vervollständigung setze ich die vermutliche Endenzahl der beiden ersten nicht vorhandenen Geweihe in Klammern voran: (2, 9), 13, 11, 11, 13, 14, 13, 14, 13, 14. 13, 13, 14; 11, 15, ?, 11, 7, 8, 6.

Das dritte Geweih zeigt eine abnorm große Endenzahl, die in den beiden folgenden Jahren auf eine normale Zahl zurücksetzt. Nur in den ersten Jahren steigt die Endenzahl deutlich aufwärts, und in den letzten Jahren senkt sie sich deutlich abwärts. Dazwischen liegt vom 6. Geweih an eine lange Reihe von Jahren, in denen die Endenzahl fast gleich bleibt und nur zwischen einem geraden und einem ungeraden 14 Ender schwankt. Auffallend ist, daß die höchste Endenzahl, ein ungerader 16 Ender von 1876, an einem Geweih sich zeigt, das schon alle deutlichen Zeichen von Degeneration aufweist. Tatsächlich sind hier aber zwei kleine überzählige Enden an den Augensprossen dabei, die am gesunden Geweih nie vorkommen. Die höchste normale Endenzahl (14) wird 5 mal erreicht oder überschritten, doch folgt jedesmal im folgenden Jahr ein Zurücksetzen dieser Endenzahl.

Die ganze Reihe bestätigt die Erfahrung, daß die bloße Endenzahl nur mit großen Einschränkungen als Maßstab für das Alter eines Hirsches zu gebrauchen ist. Sehr bemerkenswert aber ist es, daß die rechte Stange große Beständigkeit zeigt in der Endenzahl, während die Schwankungen fast ganz auf die linke Stange beschränkt sind. Allerdings ist an der rechten Stange der Eissproß öfter so kümmerlich entwickelt, daß es fast fraglich war, ob er mitzuzählen ist.

Die 3 letzten Geweihe mit 8 und schließlich nur noch 6 Enden widerlegen die Behauptung, daß ein Hirsch, der einmal ein 10 Ender gewesen ist und eine Krone getragen hat, niemals auf ein geringeres Geweih als auf den normalen 10 Ender, selbst im Alter nicht, zurücksetzen kann. So schreibt Blasius[1]: „Selbst sehr alte Hirsche, die in der Zahl der Enden und der Stärke der Geweihe oft große Rückschritte machen, finden hier eine Grenze". Von einer Widerlegung dieser unrichtigen Feststellung ist mir bisher nichts bekannt.

An dieser Stelle mögen noch die Abwurfzeiten erwähnt werden, von denen bei den 13 ersten Abwürfen sorgfältig das genaue Datum überliefert wurde. Auf Tabelle 1 findet sich eine übersichtliche Zusammenstellung davon. Sämtliche Abwurfzeiten liegen darnach zwischen Ende Februar und Mitte März, in den meisten Fällen zwischen dem 27. Februar und dem 4. März. Nur die beiden jüngsten Abwürfe von 1863 und 1864 wurden erst in der dritten, bezw. zweiten Märzwoche abgestoßen. Die übrigen ergeben keinen Anhalt für die Annahme, daß bei älteren Hirschen das Geweih früher abgeworfen werde als bei jüngeren, daß überhaupt die Abwurfzeit von dem Lebensalter oder von dem Kräftezustand des Hirsches merklich beeinflußt wird.

Sprossenbildung (Vereckung) des Geweihes beim Edelhirsch.

Was nun die Vereckung, d. h. die Ausbildung der verschiedenen Enden oder Sprosse des Geweihes anbelangt, so herrscht hier eine große Mannigfaltigkeit. Man vermag aber gerade aus der Verschiedenheit in der Ausgestaltung der einzelnen Stangen, besonders an den gesunden Geweihen, den leitenden Gedanken, der ihrem Bauplan zugrunde liegt, herauszufinden. Und gerade die Abwürfe des zahmen „Hans" eignen sich trefflich zur Beleuchtung dieser Frage. Die ersten nicht erhaltenen Abwürfe lassen sich leicht ergänzen.

[1] Blasius 1857, Naturgeschichte der Säugetiere Deutschlands.

2*

Nach der Ausbildung der Enden des Geweihes möchte ich im Leben des Edelhirsches 5 Perioden unterscheiden:

Die erste Periode ist gekennzeichnet durch einfache Stangen, wie sie in der Regel nur das erste Geweih des Hirsches in seinem 2. Jahre als Spießhirsch zeigt (Taf. 1).

Die zweite Periode ist durch ausschließliche Längsgabelung (in der Längsrichtung des Körpers) der ursprünglich einfachen Stangen gekennzeichnet, wobei die 4 Hauptsprosse des Achtenders entstehen. Das kann in seltenen Fällen schon beim zweiten Geweih auf einmal geschehen, ist aber meist erst beim dritten oder selbst vierten Geweih vollendet (Taf. 1, ungerader Zehnender links).

Die dritte Periode ist gekennzeichnet durch einfache Quergabelung von drei dieser Hauptsprosse, wobei der Eissproß und die Gabeln des vierten Sprosses (Wolfsproß oder Obersproß) und des Endsprosses entstehen, was zur Ausbildung des geraden Vierzehnenders mit der einfachsten Form von Doppelkronen führt (Taf. 1, 1863 links). Es kann das ganz ausnahmsweise schon beim dritten Geweih vollendet werden, beginnt aber meist später und zieht sich dann in der Regel über mehrere Jahre hin. Damit ist vielfach beim Edelhirsch die höchste Endenzahl erreicht.

Die vierte Periode, die meist erst in höherem Alter beginnt, wenn sie überhaupt eintritt (was bei oberbayrischen Hirschen normaler Weise nicht der Fall zu sein scheint), führt zu weiterer Endenbildung durch Gabelungen an der komplizierter werdenden Krone über das Stadium des Vierzehnenders hinaus.

Die fünfte Periode ist durch den Abbau und die Degeneration des Geweihes gekennzeichnet, die beim altersschwachen Hirsch eintritt.

Längsgabelung der Stangen und Bildung der 4 Hauptsprosse.

Das 1. Geweih, das der junge Edelhirsch in seinem 2. Lebensjahre trägt und abwirft, besteht aus zwei einfachen Stangen oder Spießen mit je einem Ende. Die späteren mehrendigen Geweihe entstehen dadurch, daß sich diese Stangen zunächst dreimal übereinander gabeln. Diese ersten Gabelungen erfolgen nur ungefähr in der Längsrichtung des Körpers und nur an dem jeweiligen hinteren Gabelende. Der bei jeder dieser Gabelungen entstehende Vordersproß ist nach vorne und außen gerichtet. Er bleibt zunächst einfach und richtet sich mit seinem Ende aufwärts, bei den oberen Sprossen gerne auch etwas einwärts der Mittellinie entgegen. Der Hintersproß aber bildet das zunächst nach oben und außen gerichtete Hauptende der Stange, den „Endsproß", der aber, wenn er eine größere Länge erreicht, sich gern mit der Spitze nach innen wendet. Alle 4 so entstandenen Hauptsprosse einer Stange liegen ungefähr in der gleichen etwas gebogenen Fläche.

Man kann ja zunächst verschiedener Meinung sein, ob es sich hier und überhaupt bei der Vereckung der Hirschgeweihe ursprünglich um eine echte dichotomische Gabelung handelt, bei der nachträglich sich das eine der entstandenen Gabelenden zur Hauptstange entwickelt, die das andere nur als Seitensproß zu tragen scheint, oder ob es sich von vornherein um eine Bildung von seitlichen Sprossen an einer Hauptstange handelt. Ich habe mich unbedingt für die erstere Auffassung entschieden, nachdem es feststeht, daß bei dem Wachstum jeder Stange sich die verschiedenen Enden zunächst durch eine Furchung an dem wachsenden Gipfel ankündigen, nicht wie es bei einer seitlichen Sprossenbildung zu erwarten wäre, als Knospen, die seitlich unterhalb des einfach bleibenden wachsenden Gipfels entstehen.

Bei fast sämtlichen Hirscharten läßt sich die Vereckung ihrer Geweihe bei Annahme von aufeinanderfolgenden Längsgabelungen mit je 2 ursprünglich gleichwertigen Enden, die alle ungefähr in der gleichen Fläche stattfinden, sehr einfach und ungezwungen erklären. Bei Annahme einer solchen Gabelung kann nämlich bald das vordere, bald das hintere Gabelende einmal die Rolle als Fortsetzung der Hauptstange übernehmen, während das andere Gabelende in der Entwicklung zurückbleibt und in einem Fall als hinterer, in einem anderen Falle als vorderer Seitensproß einer Hauptstange erscheint. So entspricht das Hauptende der Stange beim Sechsergeweih des Edelhirsches dem hinteren Gabelende, bei dem des Rehes dem vorderen Gabelende der zweiten Gabelung.

Dagegen ist es bei Annahme einer von Anfang an festgelegten, stets mit der gleichen Spitze endenden Hauptstange mit Seitensprossen, die bei allen Hirschformen in ihrem ganzen Verlauf homolog sein soll, kaum verständlich, daß diese Seitensprosse bald auf ihrer vorderen, bald auf ihrer hinteren Seite sich entwickeln sollen, wie das z. B. Röhrig[1] annimmt. Um dafür eine plausible Erklärung zu schaffen, sah sich C. Hoffmann[2] gezwungen, ganz komplizierte Drehungen und Biegungen der Hauptstange anzunehmen. Eine Drehung der Stange macht sich zweifellos in manchen Fällen deutlich geltend, aber nicht in dem Maße, wie es hier angenommen wurde. Und was die Biegungen der Stangen anbetrifft, so ist bei Annahme von dichotomischen Längsgabelungen deren Erklärung in vielen Fällen verhältnismäßig einfach, was schon Garrod[3] und Brooke[4] erkannten. Ein Geweih von *Cervus Schomburgki* z. B. und das der davon abzuleitenden *C. Duvauceli* und *C. Eldi* wird als Resultat wiederholter dichotomischer Gabelungen durchaus verständlich, auch das vom Renntier, vom Elch und vom Damhirsch, ohne daß man zu nennenswerten Drehungen Zuflucht nehmen muß. Freilich bedürfen auch bei dieser Auffassung der Vereckung der Hirschgeweihe, als wesentlich durch Dichotomie entstanden, noch einzelne Erscheinungen einer besonderen Erklärung. Denn nicht alle Enden, die man an den Geweihen der verschiedenen Hirscharten antrifft, dürfen als Gabelenden gedeutet werden. Zweifellos führen auch z. B. Wucherungen der Oberfläche, wie sie beim Reh die mitunter mächtig entwickelten Perlen erzeugen, in manchen Fällen zur Bildung von ansehnlichen Enden.

Bei Annahme von dichotomischen Gabelungen bei der Vereckung erklären sich auch in ungezwungener und ganz natürlicher Weise die Knickungen, die an der Hauptstange gegenüber jedem Sproß auftreten, und deren Deutung C. Hoffmann (1901 l. c.) in seiner Weise versucht. Denn jedes der beiden ursprünglich gleichwertigen Gabelenden bildet selbstverständlich bei jeder Gabelung mit seinem Stil einen Winkel, der immer noch deutlich erkennbar bleibt, wenn sich auch dasjenige Gabelende, das die Fortsetzung der Hauptstange übernimmt, durch eine kompensatorische Krümmung wieder zurückbiegt, um einigermaßen wieder die ursprüngliche Richtung der Hauptstange anzunehmen. Die Spuren

---

[1]) G. Röhrig, Die Geweihsammlung der k. landwirtschaftlichen Hochschule in Berlin, 1896.

[2]) C. Hoffmann, Morphologie der Geweihe, 1901.

[3]) A. H. Garrod, Anatomy of the Ruminants. Proceedings of the Zoolog. Society of London, 1877.

[4]) V. Brooke, Classification of the Cervidae. Proceed. Zoolog. Society of London, 1878.

dieser Winkelbildung sind es, die beim normalen Edelhirschgeweih die charakteristischen, von verschiedenen Autoren hervorgehobenen Knickungen der Stange hervorbringen.

Als Vordersproß entsteht nun beim Edelhirsch bei diesen ersten Gabelungen zuerst der unmittelbar über der Rose entspringende Augsproß, sodann beträchtlich höher der Mittelsproß und der noch höher entspringende sogenannte 4. Sproß oder Obersproß. Dieser wird beim Wapiti als „Wolfsproß" bezeichnet und wird hier besonders mächtig. Ich möchte diesen Ausdruck der größeren Klarheit wegen in meinen weiteren Darlegungen für diesen 4. Sproß, der doch nur der 3. Sproß ist, allgemein auch für Edelhirsche benutzen. Die Entfernung dieser Vordersprosse von einander entspricht ungefähr ihrer Länge.

Wenigstens vom Ursprung dieses Wolfsprosses ab richtet sich das Hauptende der Stangen, der Endsproß, entschieden nach oben mit einer mehr oder weniger deutlichen Knickung der Stangen und bildet mit dem mehr nach außen gerichteten Unterteil der Stangen einen Winkel von ungefähr 45°. Der Unterteil der Stangen bildet mit der Horizontalen ebenfalls einen Winkel von ungefähr 45°.

Mit diesen 3 nach vorne und außen gerichteten Vordersprossen und dem nach oben und meist etwas nach innen gerichteten Endsproß bildet der Hirsch einen normalen Achtender. Bei jedem normalen Edelhirschgeweih mit 8 oder mehr Enden sind diese 4 ersten Sprosse stets wohl entwickelt und durchschnittlich an Länge und Stärke nicht sehr von einander unterschieden. Eine Verkümmerung eines dieser 4 Sprosse kommt beim normalen Hirschgeweih nicht vor, und selbst beim degenerierten Geweih wird an diesen 4 Hauptsprossen mit größter Zähigkeit festgehalten. Stets ist es dieser Endsproß, der sich später unter Umständen beträchtlich stärker entwickeln kann als einer der anderen.

Quergabelung der 4 Hauptsprosse.

Die fernere Vermehrung der Endenzahl kommt, wie die Stangen des zahmen „Hans" zeigen, beim normalen oberbayerischen Hirsch nur noch dadurch zustande, daß die 4 vorhandenen Hauptsprosse, der Aug-, Mittel-, Wolf- und Endsproß, die Tendenz äussern, sich zu gabeln. In scharfem Gegensatz aber zu den ursprünglichen Gabelungen der Stangen selbst, die in der Längsrichtung stattfanden und zu Vorder- und Hintersprossen führten, finden diese später eintretenden Gabelungen der Hauptsprosse wenigstens ursprünglich in mehr oder weniger ausgesprochener Weise in der Querrichtung statt, so daß der betreffende Sproß sich in ein äußeres und ein inneres Ende gabelt. Im Gegensatz zu der ursprünglichen Längsgabelung der Stangen, die äußerst konstant ist, erweist sich diese nachträgliche Quergabelung der Hauptsprosse als viel mehr variabel, sowohl in ihrem Vorkommen überhaupt wie in ihren Ausmaßen. So kann die Gabelung eines der Hauptsprosse an einer Stange sehr gut entwickelt sein, während ihre Bildung an der anderen Stange desselben Geweihes ganz unterbleibt oder in viel bescheidenerem Maße auftritt. Dasselbe kommt bei den verschiedenen Geweihen in aufeinanderfolgenden Jahren vor. Auf dieser Unbeständigkeit der Quergabelung beruht wesentlich die außerordentliche Mannigfaltigkeit, die die Vereckung der einzelnen Stangen des gleichen Hirsches zeigen kann.

Die Quergabelung tritt nun an den 4 Hauptsprossen in sehr verschiedener Häufigkeit auf, als seltenes Vorkommen am Mittelsproß, als gewöhnliche Erscheinung bei den 3 anderen Sprossen. Die Gabelung des Augsprosses, die zur Entstehung des Eissprosses führt, zeigt sich oft schon, ehe einer der übrigen Sprosse sich gabelt, ja mitunter schon, wenn erst 3 der Hauptsprosse vorhanden sind.

1. Die Quergabelung des Endsprosses ist, nach den Abwürfen des zahmen „Hans" zu schließen, ein fast konstant vorkommendes Merkmal des vollerwachsenen oberbayerischen Edelhirsches, das im vorliegenden Fall vom 6. Geweih ab ganz regelmäßig sich einstellte (Abwürfe 1866—1871). In früherem Lebensalter bleibt der Endsproß gewöhnlich noch einfach, kann sich aber gelegentlich auch vorzeitig einmal gabeln (Abwürfe 1863). Sobald sich aber infolge von Altersschwäche eine Degeneration am Geweih zeigt, unterbleibt auch die Gabelung des Endsprosses in der Regel (Abwürfe seit 1875). Die beiden Enden dieser Endgabel sind selten gleich lang. Gewöhnlich wird das innere Ende das längere und erscheint so als das eigentliche Stangenende. Die Tiefe der Gabelung ist sehr verschieden. Beim zahmen „Hans" erstreckt sie sich kaum einmal über die Hälfte des Endsprosses, und das scheint die Regel bei oberbayerischen Hirschen zu sein. Hier ist also die Endgabel fast stets „lang-gestielt".

Bei Edelhirschen von anderer Herkunft kann diese Gabelung aber schon vom Grunde des Endsprosses an auftreten, nahe dem Ursprung des Wolfsprosses und so Anlaß geben zum Entstehen eines richtigen Kronenzehners (ohne Eissproß) oder eines Kronenzwölfers mit Eissproß), bei denen 3 in ungefähr gleicher Höhe entspringende Enden die Krone und damit den Abschluß der Stange bilden. In diesem Falle ist die Endgabel also „nicht gestielt".

Nicht immer zeigt die Gabel des Endsprosses deutlich eine Querstellung. Es gibt Fälle, in denen die Endgabel eine mehr oder weniger deutliche Längsrichtung einnimmt mit einem Vorder- und einem Hintersproß, wie bei den ursprünglichen Gabelungen der Stangen. Es kann diese Erscheinung als eine abnorme Drehung der eigentlich quergestellten Endgabel gedeutet werden. Es kann sich aber tatsächlich auch um eine richtige, über den Wolfsproß hinaus fortgesetzte Längsgabelung handeln, die an den Bauplan des Geweihes der Wapiti-Hirsche erinnert. Bei diesen liegen bekanntlich wie bei den übrigen Hirscharten die sämtlichen Gabelungen des Geweihes in der gleichen, gegen das Ende des Geweihes einwärts gebogenen Fläche, die ungefähr der Längsrichtung des Körpers entspricht. Die Längsgabelungen der Stangen setzen sich beim Wapiti über den Wolfsproß hinaus fort. Es wäre nichts Erstaunliches dabei, daß bei unseren Edelhirschen auch einmal ein Geweih geschoben wird, das in gewissen Merkmalen atavistisch an den Bauplan der Wapiti-Geweihe erinnert. Denn wir müssen den Bauplan des Edelhirschgeweihes von dem des Wapiti-Geweihes ableiten. Beim Edelhirsch treten aber an den oberen Sprossen, dem Wolf- und Endsproß, die für ihn so charakteristischen Quergabelungen auf, die dem Wapiti versagt bleiben (oder nur kümmerlich bei einzelnen seiner Rassen angedeutet sind). Diese Quergabelungen sind beim Edelhirsch der Anlaß zur Kronenbildung, die für ihn charakteristisch, aber beim typischen Wapiti nicht möglich ist. Das Wesentliche bei der Kronenbildung des Edelhirsches ist es eben, daß die verschiedenen Gabelungen in der Endhälfte der Stangen nicht mehr alle in der gleichen Fläche stattfinden, wie das beim Wapiti infolge der ausschließlichen Längsgabelung der Fall ist.

Es ist übrigens durchaus nicht erwiesen, daß diese gewöhnliche Quergabelung des Endsprosses, wie ich es hier im Interesse einer bequemeren Darstellung angenommen habe, auch wirklich eine echte Quergabelung bedeutet, die im Gegensatz zur ursprünglichen Längsgabelung des Geweihes steht. Man könnte diese Gabelung des Endsprosses auch beim Edelhirsch als eine Fortsetzung der ursprünglichen Längsgabelung über den Wolfsproß hinaus betrachten und die fast regelmäßig eintretende Querstellung der entstandenen Endgabel damit erklären, daß der Endsproß die Neigung hatte, sich der Mittellinie zuzuwenden, wobei er eine Drehung macht, die seine ursprüngliche Vorderseite mehr nach außen kehrt. Diese Drehung richtet den bei der Längsgabelung entstandenen Vordersproß statt nach vorn nach außen, den Hintersproß nach innen und veranlaßt so eine Querstellung der beiden Gabelenden. Tatsächlich ist auch der Ursprung des Wolfssprosses in der Regel schon etwas mehr auf die Außenseite der Stange gerückt als der der unteren Sprossen. Für diese Anschauung könnte auch der Umstand sprechen, daß das Innenende der Endgabel meist länger ist als das Außenende. Denn dies Verhältnis zeigt beim Edelhirsch meist der Hintersproß einer Längsgabel gegenüber dem Vordersproß, während die echten Quergabeln, wie sie etwa am Wolfsproß auftreten, in der Regel etwa gleichlange Enden zeigen. Bei einer etwaigen weiteren Gabelung des Endsprosses, der zum normalen Sechzehnender führen würde, würde dann aber zuerst der neue, mehr nach außen gerichtete Vordersproß oberhalb des Wolfssprosses sich gabeln und zwar in der Querrichtung. Das Resultat würde, auch bei weiteren Komplikationen, kein anderes sein, als wenn man schon die erste Gabelung des Endsprosses als Quergabel auffaßt. Diese Frage hat aber für die Betrachtung des Edelhirschgeweihes kaum praktische Bedeutung.

2. Die Quergabelung des Wolfssprosses tritt schon nicht mehr mit derselben Regelmäßigkeit ein, wie die des Endsprosses. Häufig genug bleibt auch beim vollentwickelten Kapitalhirsch mit mächtigem Geweih der Wolfsproß einfach. Die ungeraden Vierzehnender beim zahmen „Hans" z. B. sind meist darauf zurückzuführen, daß an der einen Stange der Wolfsproß einfach geblieben ist, während er an der anderen Stange eine Gabel zeigt. An seinen linken Abwurfstangen tritt während des größten Teiles seines Lebens von Jahr zu Jahr ein fast regelmäßiger Wechsel von 6 und 7 Enden auf, je nachdem der Wolfsproß einfach oder gegabelt ist. In sehr interessanter Weise zeigen die vorliegenden Stangen auch alle die verschiedenen Möglichkeiten, in denen sich die Tendenz zur Gabelung an dem Wolfsproß beim Edelhirsch zu äußern vermag:

Neben Fällen, in denen der Wolfsproß drehrund bleibt und eine einfache Spitze aufweist, findet man ihn häufig unterhalb der Spitze in größerer oder geringerer Ausdehnung abgeplattet und etwas in die Breite gezogen, stets in ausgesprochener Querrichtung. In einem anderen Fall endet der Wolfsproß mit einer stark verbreiterten, fast schaufelförmigen Schneide, die an ihren beiden Enden etwas verdickt ist und damit eine Andeutung von Gabelung zeigt (1867 rechts); oder es sitzen auf langem Stiel 2 sehr kurze Spitzen (1867 und 1871 links); der ungeteilte Stiel der Gabel kann ferner ungefähr so lang sein, wie die beiden Enden (1863 links) oder beträchtlich kürzer (1868 und 1869 rechts), bis endlich der Sproß fast von der Basis an gegabelt ist und die beiden Gabelenden unmittelbar neben einander in gleicher Höhe an der Stange selbst entspringen (1870 rechts); der extremste Fall ist aber der, daß beide Gabelenden völlig selbständig von der Stange entspringen, aber das innere in beträchtlicher Höhe oberhalb des äußeren Gabelendes (1873 rechts, 1874 rechts und links). Würden nicht alle die Uebergänge vorliegen, so müßte man im letzteren Fall die beiden Gabelenden, die zusammen den ursprünglich einfachen Wolfsproß darstellen, als ganz selbständige Hauptsprosse ansehen, die von einander völlig unabhängig der Stange aufsitzen, der eine näher ihrer Außen-, der andere näher ihrer Innenseite. Die beiden Gabelenden sind bei normaler Ausbildung ungefähr gleich lang.

Bleiben sie kurz, so ist das äußere Gabelende gerade und nach außen gerichtet. Erreichen sie eine größere Länge, so richtet es mit einer manchmal auffallend hakenförmigen Biegung seine Spitze nach oben.

Man kann hier wohl im allgemeinen die Beobachtung machen, daß, je jünger der Hirsch ist, umso unbedeutender die Gabelung am Wolfsproß zum Ausdruck kommt, und daß die Trennung der beiden Gabelenden am entschiedensten bei den stärksten Geweihen durchgeführt ist. Doch gilt das beim zahmen „Hans" nur für die rechte Stange, die linke zeigt große Schwankungen. So besitzt schon der linke Abwurf 1863 einen tiefgegabelten Wolfsproß, während noch 1872 und 1873 der linke Wolfsproß einfach geblieben ist. Kein anderer Sproß läßt eine solche Mannigfaltigkeit in seiner Ausbildung beobachten wie der Wolfsproß.

Die Neigung zur Gabelung gibt auch beim Wolfsproß Anlaß zur Kronenbildung, was besonders dann ins Auge fällt, wenn die Gabelung schon nahe der Stange erfolgt. Bei einfach gebliebenem Endsproß ist das eine nicht seltene Form des Kronenzehners oder Kronenzwölfers. Findet sich dann auch noch eine Gabelung des Endsprosses, dann entsteht bei Gegenwart des Eissprosses der normale Vierzehnender, wie er von dem zahmen „Hans" während seiner halben Lebenszeit dargestellt wurde. Es ist das der Typus des wirklich kapitalen oberbayerischen Hirsches. Deren Krone ist aber eine lockere, wenig eindrucksvolle Staffelkrone, da die Gabelung des Endsprosses in beträchtlicher Entfernung oberhalb der Ursprungsstelle des Wolfsprosses sich findet, also langgestielt ist. Daß schon das 3. Geweih einen solchen Vierzehnender darstellt, wie es beim zahmen „Hans" der Fall sein soll, ist jedenfalls eine Seltenheit, ist aber bereits beobachtet.

Als „Maral"-Hirsch (F. Bley [1]) erklärt diese Bezeichnung mit Recht für unrichtig) wird von verschiedenen Schriftstellern [2], [3] eine Form von Edelhirschen bezeichnet, die sich dadurch auszeichnet, daß der Wolfsproß ungegabelt bleibt. Eine solche Form soll in dem Kaspischen Gebiete, besonders im Kaukasus vorkommen neben echten „Edelhirsch"-Formen mit gegabeltem Wolfsproß und bis Ungarn vordringen. Sie soll sich auch in Deutschland da und dort finden. Unser zahmer „Hans" lehrt, daß auf dieses Merkmal doch nicht zu viel Wert gelegt werden darf. Oft genug zeigt bei ihm die eine Stange diesen Maral-Typus, die andere den des zentraleuropäischen Edelhirsches mit Gabelsproß. Ich sehe in diesen Unterschieden nicht das Blut verschiedener Stämme von Ahnen, das sich

[1] F. Bley, Vom edelen Hirsche. Leipzig 1923.

[2] Lydekker, Deer of all Lands. London 1898.

[3] W. Sallač, Die Kronenhirsche und die Mendel'schen Gesetze. Vereinsschrift für Forst-, Jagd- und Naturkunde 1911/13, Heft 331/334.

Hier hat Sallač 2 ganz bestimmte, von einander sehr verschiedene Formen von Kronenhirschgeweihen als typische „Edelhirsch"- und als typische „Maral"-Form festgelegt. Er versucht, indem er die Mendel'schen Gesetze darauf anwendet, nachzuweisen, daß alle die verschiedenen Formen von Kronengeweihen, die vorkommen, dabei entstehen müssen, wenn sich diese beiden Formen kreuzen. Auch noch eine dritte Form von wapitiartigem Charakter soll mitgewirkt haben. Dabei ist stillschweigend angenommen, daß gerade diese 2 oder 3 ganz willkürlich ausgewählten bestimmten Formen von Edelhirschen es sind, die als Ahnen der jetzt in Europa lebenden Kronenhirsche in Betracht kommen. Angesichts der Abwürfe des zahmen „Hans" konnten mich diese rein theoretischen Ausführungen in keiner Weise überzeugen.

immer wieder geltend macht, sondern fasse sie lediglich als eine Beschleunigung oder Verzögerung auf, die bei der Ausbildung der einzelnen Teile des Geweihes während ihres Wachstums auftritt. Es sind eben keine qualitativen, sondern lediglich quantitative Unterschiede. Tritt beim Wachstum des Geweihes am Wolfsproß die Trennung in zwei Gabelenden frühzeitig ein, so konnten sie am fertigen Geweih sogar als zwei Sprosse selbständig neben einander von der Stange ausgehen; verzögert sich die Trennung aus irgend einem Grunde, so zeigt die fertige Stange nur den einfachen Wolfsproß. Dieser Unterschied braucht kein Arten- oder Rassenunterschied zu sein; er ist nicht einmal individuell, denn er findet sich gleichzeitig an einem Individuum zwischen beiden Stangen. Es ist aber durchaus der gleiche Bauplan, nach dem die rechte wie die linke Stange geschaffen wird.

Es ist eben nicht ein bestimmter Zustand des Geweihes, der vererbt wird, sondern die Tendenz, einen bestimmten Zustand zu erreichen, wird vererbt. Dabei kann der wirklich erreichte Zustand ebenso wohl vor wie hinter diesem Ziel liegen je nach der Lebenskraft des Individuums. Die Entwicklungsrichtung ist es hauptsächlich, die vererbt wird. Zielt die Entwicklungsrichtung z. B. auf einen gegabelten Wolfsproß, so kann ein solcher tatsächlich erreicht werden. Langen dazu die Kräfte nicht, so bleibt der Wolfsproß einfach. Ist jedoch die Energie sehr stark, so kommt es zu einem vollkommen geteilten Sproß, dessen beide Teile schließlich als selbständige Sprosse übereinander direkt von der Stange entspringen können. Um solche Verschiedenheiten zu erklären, ist es nicht nötig, für jeden dieser möglichen Zustände einen besonderen Erbfaktor in Anspruch zu nehmen. Dem zu jungen Hirsch gelingt es noch nicht, das Ziel zu erreichen, dem altersschwachen gelingt es nicht mehr. Auch dem in voller Lebenskraft stehenden kann aus irgend einem nicht kontrollierbaren Grunde gelegentlich bei der Bildung seines sonst kapitalen Geweihes in diesem Punkt das Ziel versagt bleiben.

Zur Beleuchtung dieser interessanten Fragen ist, wie mir scheint, gerade dieses Beispiel des Wolfsprosses beim zahmen „Hans" besonders lehrreich.

Doch gibt es zweifellos Fälle, in denen ein solches pendulierendes Merkmal auf einem bestimmten Zustand einigermaßen fixiert und konstant vererbt wird und so zu einem allerdings nicht immer zuverlässigen Art- oder wenigstens Rassenmerkmal werden kann: so z. B. die Neigung zur Bildung von Becherkronen; die Neigung zur Ausbildung komplizierter Kronen durch weitere Gabelung der sonst einfachen Gabelenden am Endsproß und Wolfsproß; oder die Entwicklung des Eissprosses, der bei manchen Lokalformen so stark oder noch stärker als der eigentliche Augsproß wird, bei anderen ganz fehlt; oder dauernde Zurückhaltung der Geweihbildung auf einer niederen Entwicklungsstufe mit geringer Endenzahl (Inselform von Korsika und Sardinien); in der Tat gehört auch der einfach bleibende Wolfsproß hierher. Solche Formen können aber leicht an ganz verschiedenen Oertlichkeiten völlig unabhängig von einander sich ausbilden, aber auch infolge eintretender Blutmischung wieder ebenso leicht verschwinden, wenn nicht durch Isolierung oder besondere äussere Lebensbedingungen die Fixierung solcher Merkmale ermöglicht wird und zu einer Rassenbildung führt, was dann auch gewöhnlich noch von anderen Merkmalen begleitet wird.

3. Die Quergabelung des Mittelsprosses ist nur selten einmal am Geweih des Edelhirsches zu beobachten. Beim zahmen „Hans" tritt sie nur einmal an einer Stange auf (Abwurf 1867 rechts).

4. Als eine wenigstens ursprüngliche Quergabelung des Augsprosses muß ich das Auftreten des zweiten Augsprosses oder „Eissprosses" auffassen, der in jeder Beziehung dem eigentlichen Augsproß selbst gleicht, aber vielfach an Länge und Stärke hinter ihm zurückbleibt. Er erscheint gewöhnlich als eine Verdoppelung des Augsprosses und löst sich als anscheinend selbständiger Sproß in der Regel unmittelbar oberhalb des Augsprosses von der Stange ab, sodaß er zwischen diesem und dem Mittelsproß steht. Gelegentlich kommt er aber doch in seiner eigentlichen Natur als das äußere Gabelende des Augsprosses zur Beobachtung. Denn bei schwächeren Geweihen läßt sich gar nicht selten beobachten, daß der Eissproß und der Augsproß vereinigt mit einem gemeinsamen Stiel von der Stange entspringen und sich erst in einiger Entfernung von der Stange von einander trennen, um eine kurzgestielte, richtige, quergestellte Gabel zu bilden. (Textfigur). Nimmt man nun an, daß

die Trennung der beiden Gabelenden tiefer geht, so muß dann der Fall eintreten, daß beide Enden dicht neben einander von der Stange entspringen und, wie es beim Wolfsproß mitunter geschieht, das eine Gabelende und zwar der Eissproß oberhalb des anderen, des eigentlichen Augsprosses, als anscheinend selbständiger Sproß der Stange selbst aufsitzt. Während eine solche vollständige Trennung beim Wolfsproß seltener und nur bei sehr starken Geweihen vorkommt, ist sie beim Eissproß schon bei seinem ersten Auftreten zur Regel geworden. In seinem Vorkommen und seiner Größe ist der Eissproß recht veränderlich und rückt nicht selten, wie das auch beim inneren Gabelende des Wolfsprosses vorkommt, weiter an der Stange in die Höhe,

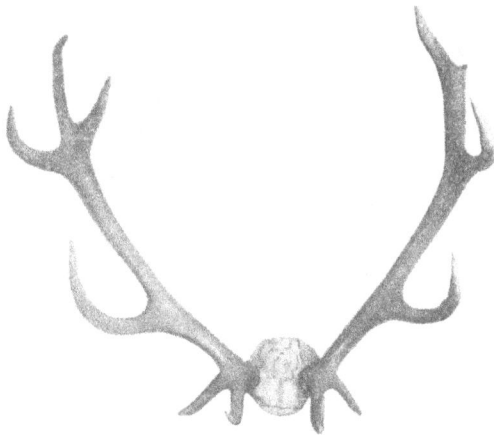

Erklärung der Textfigur.

Zwölfender aus dem Forstenrieder Park; beiderseits sind Augsproß und Eissproß an der Basis vereinigt (Gabelung des Augsprosses). Rechter Endsproß mit sehr tiefer, linker mit schwacher Quergabelung

sodaß er dann dem Mittelsproß näher steht als dem anderen Gabelende, dem eigentlichen Augsproß. Mitunter erscheint er aber ganz verkümmert und fehlt nicht selten vollständig, während er andererseits so stark oder selbst stärker als der Augsproß werden kann.

Der sehr häufig vorkommende „Eissproßzehner" zeigt im Gegensatz zum „Kronenzehner" von den vier Hauptsprossen nur den Augsproß gegabelt.

Der normale Vierzehnender, wie er wenigstens bei dem zahmen „Hans" und vermutlich bei den gegenwärtigen oberbayerischen Hirschen den Höhepunkt der Geweihbildung bedeutet, zeigt die vier Hauptsprosse und von ihnen den Augsproß, den Wolfsproß und den Endsproß gegabelt. Bei Rückschlägen tritt eine oder mehrere dieser Gabelungen nicht ein, am seltensten betrifft das die Endgabel.

Eine Endenbildung absonderlicher Art zeigt sich am eigentlichen Augsproß bei fast allen degenerierten Geweihen aus den letzten Lebensjahren des zahmen „Hans". Sie besteht im Auftreten einer kurzen seitlichen Spitze, die in einiger Entfernung unterhalb der

Endspitze des Augsprosses sich zeigt, und zwar fast stets auf seiner äußeren Seite. So lange die Geweihe beim lebenskräftigen Hirsch sich kraftvoll und regelmäßig entwickelten, ist keine Spur davon sichtbar. Nur die verkümmerten Geweihe des altersschwachen Hirsches zeigen eine ausgesprochene Neigung, solche überzählige Enden zu bilden. Es ist das zweifellos eine reine Degenerationserscheinung, die ich auch an einzelnen anderen Geweihen unbekannter Herkunft beobachten konnte, aber nur an solchen Geweihen, die auch weitere entschiedene Degenerationserscheinungen aufwiesen. Wie diese überzähligen Enden zu deuten sind, ist mir nicht recht klar. Mit Quergabelung der Sprosse haben sie nichts zu schaffen, wenn sie auch ausschließlich seitlich, also in querer Richtung auftreten, in einem Fall sogar auf beiden Seiten desselben Hauptsprosses (1878 links).

Ausbildung der Krone.

Von einer Krone am Geweih des Edelhirsches kann man schon sprechen, wenn wenigstens einer der beiden oberen Hauptsprosse, entweder der Wolfsproß oder der Endsproß, eine Quergabelung zeigt. Dann liegen die 3 höchsten vorhandenen Enden nicht mehr in der gleichen Ebene. Das ist der Fall beim Kronenzehner (ohne Eissproß) und beim Kronenzwölfer (mit Eissproß). Ist nur der Endsproß in seiner oberen Hälfte gegabelt, während dabei der Wolfsproß einfach und ungegabelt bleibt, so stellt das den einfachsten „Maral"-Typus (im Sinne von Sallač) vor. Diesen zeigen gern jüngere Abwürfe des zahmen „Hans" und häufig die linken Stangen seiner kapitalen Geweihe, wenn sie zurückgesetzt haben.

Sind beide Sprosse gegabelt, so haben wir die „Doppelkrone", bei deren einfachster Form sowohl der Wolfsproß wie der Endsproß nur in ihrer äußeren Hälfte gegabelt sind, also beide eine langgestielte Gabel darstellen. Ist der Endsproß langgestielt, so ist das der Typus der „fünfsprossigen" Geweihe (nach F. Bley) mit Staffel- oder Stufenkrone. Diesen Typus zeigen z. B. die kapitalen gesunden Geweihe des zahmen „Hans" in allen Ausbildungen der Gabelung des Wolfsprosses.

Ist der Endsproß tief gegabelt bis nahe dem Ursprung des Wolfsprosses, die Gabel also kurz oder gar nicht gestielt, so ist das der Typus des „viersprossigen" Geweihes (nach F. Bley). Sind sowohl Endsproß wie Wolfsproß tief gegabelt, so stellt das den Typus des echten „Edelhirsch"-Geweihes dar (nach Sallač im Gegensatz zu seinem „Maral").

Wird am Ursprung der Gabelung des Endsprosses die Trennung der beiden Gabelenden nicht tatsächlich durchgeführt, sondern nur angedeutet und zum Ausdruck gebracht dadurch, daß die Enden sich schaufelartig verbreitern und ihre Spitzen nur am Rand solcher flachen Knochenplatten frei hervorragen, so führt das bei weiteren Gabelungen zu „Kelch"-, „Becher-" und „Schaufel"-Kronen usw.

Während alle diese Formen von Kronen in ihren einfachsten Ausbildungen schon bei 12- und 14-Endern erscheinen, kann es in den verschiedenen Gegenden, wo Edelhirsche leben, zu Lokalformen kommen, die den 14-Ender überholen, an ihren kapitalen Geweihen zur Bildung von vielzackigen Kronen neigen und eine größere Endenzahl zur Ausbildung bringen. Zum allergrößten Teil kommt die Vermehrung der Endenzahl durch weitere Gabelbildungen des Endsprosses zustande, in viel geringerem Grade ist der Wolfsproß daran beteiligt. Bleiben die dabei entstandenen Gabelenden von ihrem Ursprung an frei, wie das bei den sogenannten „verästelten Kronen" der Fall ist, so ist das gesetzmäßige Auftreten der neuen Gabelungen mitunter leicht zu überblicken, bleiben aber die Enden durch schaufelartige Verbreiterungen mit einander verbunden, wie bei den Becher- und Schaufelkronen, so ist deren einwandfreie Deutung oft ganz unmöglich.

Die Ausbildung weiterer Kronenenden über den 14-Ender hinaus dürfte zustande kommen:

1. durch weitere Längsgabelungen des jeweiligen hinteren Endsprosses im Sinne des Wapiti-Geweihes über den die 3. Längsgabelung darstellenden Wolfsproß hinaus, indem es zu einer vierten, fünften usw. Längsgabelung kommt, wobei die Zwischenstrecken oft sehr kurz bleiben.

2. Durch Quergabelung der bei diesen Längsgabelungen entstandenen neuen Sprosse.

3. Durch weitere sekundäre Gabelungen der bereits vorhandenen und neu entstandenen Gabelenden selbst.

Auf diese Weise können in mitunter sehr regelmäßiger Ausbildung 16-, 18-, 20-Ender usw. entstehen. Doch sind auf solche Weise auch die bei hypertrophischer Ausbildung durch eine abnorme Häufung von Gabelungen zustande gekommenen Geweihe mit viel höherer Endenzahl bis zu dem berühmten 66-Ender von Moritzburg zu erklären. Dabei können an allen vorhandenen Sprossen und Enden des Geweihes Gabelbildungen auftreten. Solche Geweihe sind aber nur als Monstrositäten anzusehen[1]).

Sind bei den vielzackigen Kronen die aufeinanderfolgenden Gabelungen deutlich gestielt, indem sie durch längere oder kürzere einfache Zwischenstrecken von einander getrennt sind, so entstehen die mitunter sehr schönen, lockeren und hohen Staffelkronen. Folgen aber die Gabelungen oberhalb des Wolfsprosses ohne nennenswerte Zwischenstrecken aufeinander, sodaß die Enden der Krone zusammengedrängt stehen, so ist damit die Grundlage gegeben zur Bildung der imposanten „Becherkrone". Diese neigen zur schaufelförmigen Ausbildung mit kürzeren oder längeren Randzacken. Solche „Schaufel-", „Hand"- und „Teller"kronen machen einen gedrungenen und besonders wuchtigen Eindruck. Bei oberbayerischen Hirschen scheint diese Form der Krone nur selten vorzukommen.

Aufsteigende Reihe der Abwürfe des zahmen „Hans".

Betrachten wir nun nach diesen Ausführungen die vorliegenden Abwürfe des zahmen „Hans" in ihren Einzelheiten, so machen die der Jahre 1863 bis 1874 durchgängig den Eindruck von gesunden, edelgeformten und kräftig entwickelten Geweihen, die ziemlich gleichmäßig von Jahr zu Jahr an Größe, Stärke und Gewicht zunehmen. Sie zeigen alle eine sehr regelmäßige Vereckung, die Sprosse sind ziemlich gleichmäßig an den Stangen verteilt, ebenmäßig gebogen, besonders kräftig die unteren, und mit nach oben gerichteten Spitzen.

Wie erwähnt, zeigen schon die ersten der vorliegenden Abwürfe 1863 an der linken Stange 7 ausgebildete Enden, indem sowohl der Wolfsproß wie der Endsproß

---

[1]) Die Entstehung überzähliger Enden soll bisweilen künstlich durch einen Schrotschuß in das noch weiche, im Wachstum befindliche Geweih veranlaßt werden.

eine wohlentwickelte, langgestielte Gabel aufweist und ein, wenn auch kurzer Eissproß vorhanden ist. An der rechten Stange bleibt der Wolfsproß noch einfach. Das Geweih stellt einen ungeraden 14-Ender dar mit der wohlausgebildeten Staffelkrone der oberbayerischen Hirsche. Es ist das für das 3. Geweih eines Edelhirsches eine ungewöhnlich hohe Endenzahl. Daher ist es nicht überraschend, daß der Hirsch an Endenzahl in den beiden folgenden Jahren wieder zurücksetzt und einen ungeraden 12-Ender darstellt. An der rechten Stange blieb sowohl der Wolfsproß wie der Endsproß einfach, an der linken in einem Jahr der Wolfsproß, im nächsten der Endsproß. Dabei nahm aber das Geweih in beiden Jahren an Länge und Stärke zu, bis es 1866 wieder die Endenzahl eines ungeraden 14-Enders erreichte. Bis zum Jahre 1874 wechselt es nun fast regelmäßig zwischen einem geraden und einem ungeraden 14-Ender. Diese 9 Jahre hindurch trug die rechte Stange regelmäßig ihre 7 Enden.

Was die einzelnen Sprosse in den Jahren des Aufstiegs 1863—1874 anbelangt, so erreicht der linke Augsproß 1863 eine Länge von 28 cm (der Krümmung nach), nach 3 Jahren schon eine Länge von 37 cm; sie steigt dann langsam mit einigen Schwankungen bis auf 41 und 42 cm in den letzten Jahren; der rechte bleibt meist unbedeutend kürzer, der Unterschied beträgt 1874 6 cm. Die Biegung ist zuerst nicht sehr bedeutend und verkürzt die Länge meist um 4—5 cm, in den letzten Jahren wird sie mitunter so stark, daß der Unterschied 12 cm erreichen kann.

Der Eissproß ist stets vorhanden, bleibt aber immer beträchtlich kürzer als der Augsproß und erreicht höchstens $^3/_4$ von dessen Länge. Stets ist der linke Eissproß beträchtlich länger als der rechte. Er schwankt auch ganz bedeutend in seiner Länge, besonders an der rechten Stange. Auch seine Stellung ist recht verschieden. In der Regel steht er dem Augsproß viel näher als dem Mittelsproß, aber 1865 und 1869 rechts sowie 1874 links rückt er dem Mittelsproß viel näher. Auffallenderweise ist der Eissproß gerade beim stärksten Geweih 1874 beiderseits besonders kurz und mißt rechts nur 2 cm, einen kurzen Höcker darstellend.

Der Mittelsproß ist bald etwas länger, bald etwas kürzer als der Augsproß, in den letzten Jahren ist der linke meist merklich länger als der rechte. Einmal (1867 rechts) ist er sogar gegabelt.

Der Wolfsproß ist, wie schon erwähnt, auffallend verschiedenartig entwickelt und bleibt meist etwas kürzer als Mittel- und Augsproß. Der linke bleibt in den 12 Jahren 6 mal einfach und gabelt sich fast regelmäßig jedes 2. Jahr, doch bleibt die Gabel immer sehr kurz. Nur 1874 ist die Trennung der beiden so stark, daß beide Gabelenden gesondert an der Stange entspringen. An der rechten Stange fehlt die Gabelung in den 5 ersten Jahren, nur 1866 zeigen sich 2 kurze Enden, von 1868 an ist die Gabelung immer sehr bedeutend und führt 3 mal zu einer vollständigen Trennung. Die beiden Enden der Wolfsproßgabel sind meist wenig an Länge und Stärke von einander verschieden.

Am Endsproß bleibt die Gabelung nur 1864 rechts, 1865 beiderseits ganz aus, sonst ist sie immer vorhanden, ist aber stets langgestielt und auf die obere Hälfte des Endsprosses beschränkt. Es kommt daher nie zur Bildung einer Becherkrone. Selten sind beide Gabelenden gleich lang, fast immer ist das innere das längere, nur links ist 2 mal das äußere Ende um 1 bis 2 cm länger. Fast durchgehends ist an der linken Stange der Endsproß tiefer gegabelt als an der rechten.

Das im Jahre 1874 abgeworfene Geweih war in voller Pracht zu einem kapitalen geraden 14-Ender entwickelt. Es war das mächtigste Geweih, das der Hirsch in den 21 Jahren seines Lebens hervorbrachte. Sein Gewicht betrug 6700 g, die rechte Stange hat eine Länge von 107 cm. Beide Stangen waren schön ebenmäßig gebogen. Der linke kräftige Augsproß war 34 cm lang, der Krümmung nach 41 cm. Das innere Gabelende des Wolfsprosses entsprang vollkommen selbständig unmittelbar von der Stange etwa in der Mitte zwischen dem äußeren und der Endgabel. Alle Sprosse waren schön ausgebildet, in entsprechenden Zwischenräumen von einander, die unteren nach vorne gerichtet und kräftig aufwärts gebogen. Nur die beiden Eissprosse waren verkümmert, besonders der rechte, der nur einen kurzen Höcker darstellt.

Absteigende Reihe der Abwürfe des zahmen „Hans".

Diesem kapitalen Geweih gegenüber macht das Geweih des nächsten Jahres 1875 einen üblen, geradezu heruntergekommenen Eindruck. Statt der schönen regelmäßigen Biegung, die die beiden Stangen bisher in jedem Jahre zeigten, weisen sie in diesem Jahre einen unmotivierten, häßlichen, scharfen Knick in ihrem unteren Drittel oberhalb des Mittelsprosses auf. Die Stangen hatten an Länge verloren, die rechte um 11 cm und ebenso an Dicke und Gewicht, das nur noch etwa 4900 g beträgt. Besonders bemerkenswert ist es, daß die Stangen in ihrem unteren Teil von vorn nach hinten abgeplattet sind und hier die geringste Dicke zeigen, während normale Stangen an dieser Stelle stets seitlich abgeplattet sind und in der Richtung von vorn nach hinten ihren größten Durchmesser erreichen. Das bedeutet eine eingetretene Drehung am unteren Teil der Stange, und infolgedessen sind Mittel- und Eissprosse direkt nach außen gerichtet statt wie bei den normalen Geweihen nach vorn, was einen befremdenden Eindruck macht. Aug-, Eis- und Mittelsproß sind kaum gebogen und bilden unschöne, fast gerade Zapfen. An der rechten Stange sind Aug-, Eis- und Mittelsproß ziemlich kurz und nahe aneinander gerückt. Sie sind durch einen langen und unregelmäßig gekrümmten mittleren Stangenteil, der keine Sprosse trägt, von der Krone getrennt, die aus 3 Enden besteht. An der linken Stange ist der Augsproß lang und kräftig, der Eissproß fehlt fast ganz und der Mittelsproß ist sehr genähert, klein und nach unten gerichtet. Zwischen ihm und dem langen einfachen Stangenende erhebt sich nach vorn in der Mitte nur noch ein kräftiger Sproß, der als Wolfsproß anzusprechen ist. Weitere Unregelmäßigkeiten sind eine Seitenspitze am rechten Augsproß sowie der Umstand, daß die äußerste Spitze der beiden Mittelsprosse sich nach unten biegt. Die rechte Stange zeigt 7, die linke nur 4 Enden. Alle diese Erscheinungen am Geweih von 1875 sind ausgesprochene Degenerationserscheinungen, die auf eine schwere Erkrankung oder auf plötzlich eingetretene Altersschwäche schliessen lassen.

Die Abwürfe von 1876 zeigen ein Geweih, das gegenüber dem des vorhergehenden Jahres wieder kräftiger geworden ist und etwa 600 g mehr wiegt. Es hat den Anschein, als sei der Hirsch in diesem Jahre wieder lebenskräftiger geworden. Die Stangen sind zwar kaum länger geworden, aber ihre Dicke ist beträchtlicher. Die Endenzahl ist sogar gegenüber den stärkeren Geweihen früherer Jahre groß, rechts mit 8, links mit 7 Enden, sodaß der Hirsch sogar ein ungerader 16-Ender ist. Diese Vermehrung der Endenzahl beruht allerdings nur darauf, daß beide Augsprosse eine kurze Seitenspitze entwickelt haben, eine ganz unnormale Bildung. Im übrigen zeigt aber auch dies Geweih all die Degenerationserscheinungen des letzten Jahres und macht einen unregelmäßigen und wenig erfreulichen Eindruck. Die beiden Stangen zeigen den häßlichen Knick in ihrem untersten Teil und beide in ihren mittleren Teilen lange unverzweigte Strecken. Der Mittelsproß steht beiderseits auffallend hoch an der Stange. Die Stangen und ebenso die einzelnen Sprosse sind unregelmäßig gekrümmt. Besonders unangenehm wirkt die verkrümmte Spitze des linken Aug- und Mittelsprosses. Der untere Teil der Stangen ist auch hier von vorn nach hinten abgeplattet und die Eissprosse wie der linke Mittelsproß sind nach außen oder unten statt nach vorne gerichtet. Die Augsprosse sind fast gerade Zapfen, statt daß sie die elegante Biegung wie beim normalen Geweih zeigen. Auch die Seitenspitzen der beiden Augsprosse sind entschieden eine unnormale Erscheinung. Nur die Kronenbildung kann auf beiden Seiten als ziemlich normal bezeichnet werden.

Die Abwürfe des Jahres 1877 konnten bisher noch nicht beschafft werden, aber die des Jahres 1878 zeigen, daß die Lebenskraft des Hirsches entschieden im Abnehmen begriffen ist. Die Geweihe der 4 letzten Jahre zeigen dann immer wieder die gleichen, zum ersten Mal an den Abwürfen von 1875 aufgetretenen Degenerationserscheinungen. Dabei werden sie von Jahr zu Jahr immer schwächer, kürzer, dünner und ärmer an Enden. Sie erhalten ein immer kümmerlicheres Aussehen, bis der altersschwache Hirsch wohl an Entkräftung zu einer Zeit eingeht, da die Brunftzeit beginnt, die der normale Hirsch in höchster Lebenskraft antritt.

Die Länge der Stangen nimmt von Jahr zu Jahr immer mehr ab und beträgt bei dem letzten Geweih 1880 nur noch 67 cm, die Höhe nur 53 cm an der rechten Stange. Ebenso nimmt die Dicke und der Umfang allmählich ab sowie das Gewicht, das zuletzt nur noch etwa 2600 g schätzungsweise beträgt. Der fatale Knick am unteren Teile der Stangen wiederholt sich jedes Jahr bald mehr bald weniger deutlich in Verbindung mit der verkehrten Abplattung der Stangen und der Richtung der Mittelsprosse gerade nach außen, ebenso die unregelmäßigen Krümmungen der Stangen und ihre langen unverzweigten Abschnitte. Auch die Zahl der Enden nimmt ab. Während es 1878 noch ein ungerader 12-Ender ist, 1879 ein ungerader, 1880 ein gerader 8-Ender, zeigt das letzte Geweih nur noch einen geraden 6-Ender.

Die Längenverhältnisse der einzelnen Sprosse zeigen gar keine Regelmäßigkeit mehr. Die 4 Hauptsprosse aber sind mit Ausnahme des letzten Geweihes fast immer noch wohlentwickelt. Der Augsproß bleibt stets verhältnismäßig kräftig, der rechte ist aber meist ganz gerade. Der linke biegt sich schon 1876 mit seiner Spitze nach außen. Von da an wiederholt sich das in immer stärkerem Maße und erreicht 1880 ein Extrem in einem übermäßig langen, weit nach außen gerichteten Augsproß. Dazu kommt es am Augsproß fast regelmäßig zur Ausbildung einer, wenn auch sehr kurzen seitlichen Spitze, die stets auf der äußeren Seite sich zeigt, nur in einem Falle (1878 links) auf beiden Seiten desselben Augsprosses. Sie tritt seit 1875 an der rechten Stange an allen Augsprossen auf und fehlt hier nur 1879, in welchem Falle dieser Augsproß stark gekrümmt ist. Auf der linken Stange fehlt diese seitliche Spitze an den stark gekrümmten Augsprossen der letzten 3 Jahre. Es ist bemerkenswert, daß dieses seitliche Ende nur an den Augsprossen auftritt, die die Form eines geraden Zapfens zeigen. Ist der Augsproß lang und stark gekrümmt, dann fehlt dies überzählige Ende. Der Eissproß ist bis 1878 rechts noch wohlentwickelt, später ist er ganz verschwunden. Der Mittelsproß ist immer vorhanden, zeigt wohl einige Neigung zur Verkümmerung, fehlt aber nur dem letzten Geweih ganz bis auf einen unbedeutenden Höcker links. Eine einwandfreie Deutung der einzelnen Sprosse ist übrigens manchmal schwierig.

Der obere Teil des Geweihes behält auch im altersschwachen Zustand zuerst noch eine richtige Krone, wenigstens an einer Stange, aus dem gegabelten Wolfsproß und dem meist einfachen Endsproß bestehend. Doch schon 1875 links und 1878 rechts endet die Stange mit einer Gabel aus dem einfachen Wolfsproß und Endsproß bestehend, und so bleibt es auch bei den 3 letzten Geweihen. 1879 verkümmert auffallenderweise der rechte Endsproß fast vollständig. Der rechte Wolfsproß wird 1880 übermäßig lang und dünn und dabei fast ganz gerade. Die Sprosse sind vielfach unregelmäßig gekrümmt und ihre Spitzen mitunter abwärts geknickt.

Selbst dem altersschwachen Hirsch steht bis zuletzt immer noch genügend Baumaterial zur Bildung eines der Art entsprechenden Geweihes zur Verfügung. Doch nimmt es von Jahr zu Jahr immer mehr ab. Dadurch wird die Durchführung des Bauplanes in immer weiterem Umfang eingeschränkt. Das Geweih degeneriert. Aber die Tendenz, den charakteristischen Bauplan einzuhalten, ist immer deutlich erkennbar. Es fehlt nur die Kraft, ihn regelrecht durchzuführen. Die beim Wachstum am spätesten eingetretenen Komplikationen des Bauplanes werden zuerst und zwar ziemlich bald aufgegeben, nämlich die Quergabelung der oberen Sprosse und die Bildung eines Eissprosses. Mit großer Zähigkeit wird jedoch lange an den ursprünglichen 4 Hauptsprossen festgehalten. Noch beim vorletzten Geweih des zahmen „Hans" sind alle vorhanden, während am letzten noch Aug-, Wolf- und Endsproß in verhältnismäßig umfangreicher Ausbildung sich zeigt, vom Mittelsproß aber wenigstens links noch ein Rudiment zu finden ist. Denn bei Mangel an Material ist es dieser, der zuerst von den 4 Hauptsprossen abgebaut wird. Doch zeigen sich bei der Bildung des Geweihes überall Störungen im Aufbau aller seiner einzelnen Teile, die sich in zwecklosen und unnatürlichen Streckungen oder Kürzungen, in Krümmungen und Richtungsänderungen, auch in unnormalen Seitenspitzen des Augsprosses äußern und den schließlich zustande gekommenen Stangen ein unnatürliches, krankhaft entartetes Aussehen verleihen.

Zusammenfassung.

Fassen wir nun kurz alle diese Vorgänge zusammen, so ergibt sich, daß bei den normalen gesunden Geweihen oberbayerischer Hirsche vom 8-Ender an sich folgende Merkmale durchweg als konstant erweisen: Die Vordersprosse, nämlich Aug-, Mittel- und Wolfsproß sowie der Endsproß sind kräftig entwickelt. Alle 4 Hauptsprosse sind nicht sehr verschieden an Länge und Stärke. Die 3 Vordersprosse sind nach vorn und außen gerichtet, ungefähr gleichmäßig verteilt an der Stange, so daß die Zwischenstrecken ungefähr die Länge der Sprosse erreichen. Die Spitze aller Sprosse ist nach oben gerichtet, auch die ihrer Gabelenden, sobald sie eine beträchtlichere Größe aufweisen. Die unteren sind daher mehr oder weniger kräftig aufwärts gebogen. Die Stangen sind bis zum Wolfsproß ungefähr gerade nach oben und außen gerichtet, mit deutlicher Knickung gegenüber dem Aug-, Mittel- und Wolfsproß. Der untere Teil der Stangen hat den größten Durchmesser in der Richtung von vorn nach hinten. Eine Gabelung der Sprosse erfolgt mehr oder weniger deutlich in querer Richtung. Ist ein Eissproß vorhanden, so ist er kürzer als die anderen Vordersprosse, sonst durchaus ähnlich dem Augsproß.

Nicht ganz konstant ist das Vorhandensein eines Eissprosses und ebenso die Gabelung des Endsprosses.

Noch weniger konstant, aber in der Regel vorhanden sind folgende Merkmale: Der Eissproß steht dem Augsproß näher als dem Mittelsproß. Der Wolfsproß ist bei älteren Hirschen gegabelt. Das innere Gabelende des Endsprosses ist länger als das äußere. Die Gabelung des Endsprosses erstreckt sich nicht viel tiefer als bis zur Mitte seiner Länge.

Sehr veränderlich ist die Größe des Eissprosses, die Tiefe der Gabelung des Endsprosses und besonders der Umfang der Gabelung beim Wolfsproß.

Nur selten tritt bei oberbayerischen Hirschen eine weitere Gabelung der Gabelenden des Endsprosses und des Wolfsprosses auf, sowie eine Gabelung des Mittelsprosses.

Alle diese Merkmale liegen aber im Rahmen des Bauplanes, wie er für das Geweih der oberbayerischen Hirsche ererbt ist. Die nicht konstanten Merkmale sind es, die die großen Verschiedenheiten in der Ausbildung der Stangen hervorrufen. Sie sind aber lediglich als Hemmungen bzw. Verzögerungen oder als Beschleunigungen aufzufassen, die während der Ausbildung der einzelnen Teile der Stangen aus nicht nachweisbaren individuellen Gründen auch beim gesunden Hirsch auftreten.

Als Degenerationserscheinungen infolge von Krankheit, Altersschwäche oder Konstitutionsschwäche sind folgende Merkmale anzusehen: Auffallende Abnahme der Dimensionen, des Gewichtes und der Endenzahl gegenüber den Geweihen früherer Jahre, letzteres hauptsächlich verursacht durch Unterdrückung der Quergabelung an allen Hauptsprossen. Knickung der Stangen an anderer Stelle als am Ursprung von Sprossen. Unregelmäßige Krümmungen der Stangen und der Sprosse. Vergrößerung des Querdurchmessers gegenüber dem Längsdurchmesser am unteren Teil der Stangen. Ungewöhnliche Richtung und Biegung der Stangen und der verschiedenen Hauptsprosse. Fehlen der regelmäßigen Aufwärtsbiegung von Aug- und Mittelsproß. Fehlen der Aufwärtsrichtung der Spitzen an den Sprossen und ihren größeren Gabelenden. Auffallend unregelmäßige Verteilung der Sprosse an der Stange, Anhäufung von Sprossen am unteren Teil der Stange, Fehlen von Sprossen an längeren Abschnitten der Stangen. Unverhältnismäßige Länge oder Kürze einzelner Hauptsprosse, oder vollständiges Fehlen derselben, auffallende Verschiedenheiten in ihrer Länge. Ausbildung seitlicher Enden am Augsproß. Auffallende Verschiedenheit der Endenzahl an beiden Stangen.

Auch diese Erscheinungen liegen alle im Rahmen des ererbten Bauplanes, der aber infolge der geschwächten Konstitution des Hirsches während der Ausbildung des Geweihes mehr oder weniger starke Störungen erleidet und nur mangelhaft durchgeführt werden kann.

———————

So lassen sich an dieser fast einzig dastehenden Reihe von Abwürfen, die der zahme Edelhirsch „Hans" im Laufe von zwei Jahrzehnten lieferte, die Bildungsgesetze, die den Bauplan des Edelhirschgeweihes beherrschen, in allen ihren äußerlich zu Tage tretenden Einzelheiten erkennen und verfolgen. Als Grundprinzip der Vereckung der Geweihe läßt sich die dichotomische Gabelung annehmen, die zuerst bei Bildung der 4 Hauptsprosse als ausschließliche Längsgabelung, später bei Bildung weiterer Enden als Quergabelung sich äußert. Durch diese Quergabelungen unterscheiden sich die Edelhirsche von allen übrigen Hirscharten, an denen bei normaler Geweihbildung nur Längsgabelung in Frage kommt.

Tafelerklärung.

Die sämtlichen vorhandenen Abwürfe des zahmen Edelhirsches „Hans" aus dem Forstenrieder Park bei München von 1863—1880, aufgehängt in der Zoolog. Staatssammlung München als Leihgabe S. K. H. des Prinzen Alfons von Bayern.

Die Jahreszahlen bedeuten das Jahr des Abwurfes. Die beiden ersten Geweihe (Taf. I links oben), das eines Spießhirsches und eines ungeraden Zehnenders (A = Augsproß, Ei = Eissproß, M = Mittelsproß, W = Wolfsproß, E = Endsproß) aus der Nähe von München sind zur Vervollständigung beigefügt. Die Abwürfe von 1863 bilden angeblich das 3. Geweih des Hirsches, die von 1877 fehlen. Von 1875 an zeigen die Abwürfe Degenerationserscheinungen des kranken oder altersschwachen Hirsches. Das letzte Geweih von 1880 † (Taf. 2 rechts unten) trug der Hirsch bei seinem Tode.

Das Geweih von 1879 ist etwas zu klein, das letzte Geweih von 1880 † ist etwas zu groß dargestellt im Verhältnis zu den Abbildungen der übrigen Geweihe. Vergl. dazu die Tabellen auf Seite 8 und 9.

Inhaltsübersicht.

	Seite
Einleitung	3
Ueber den Aufbau des Edelhirschgeweihes	5
Erläuterungen zu den Tabellen	7
Veränderungen am Geweih des zahmen „Hans" . . .	10
Sprossenbildung (Vereckung) des Geweihes beim Edelhirsch .	11
Längsgabelung der Stangen und Bildung der 4 Hauptsprosse .	12
Quergabelung der 4 Hauptsprosse	14
Ausbildung der Krone	20
Aufsteigende Reihe der Abwürfe des zahmen „Hans" . .	21
Absteigende Reihe der Abwürfe des zahmen „Hans" . .	23
Zusammenfassung	25
Tafelerklärung	27

L. Döderlein, Die Abwürfe des zahmen Edelhirsches „Hans".

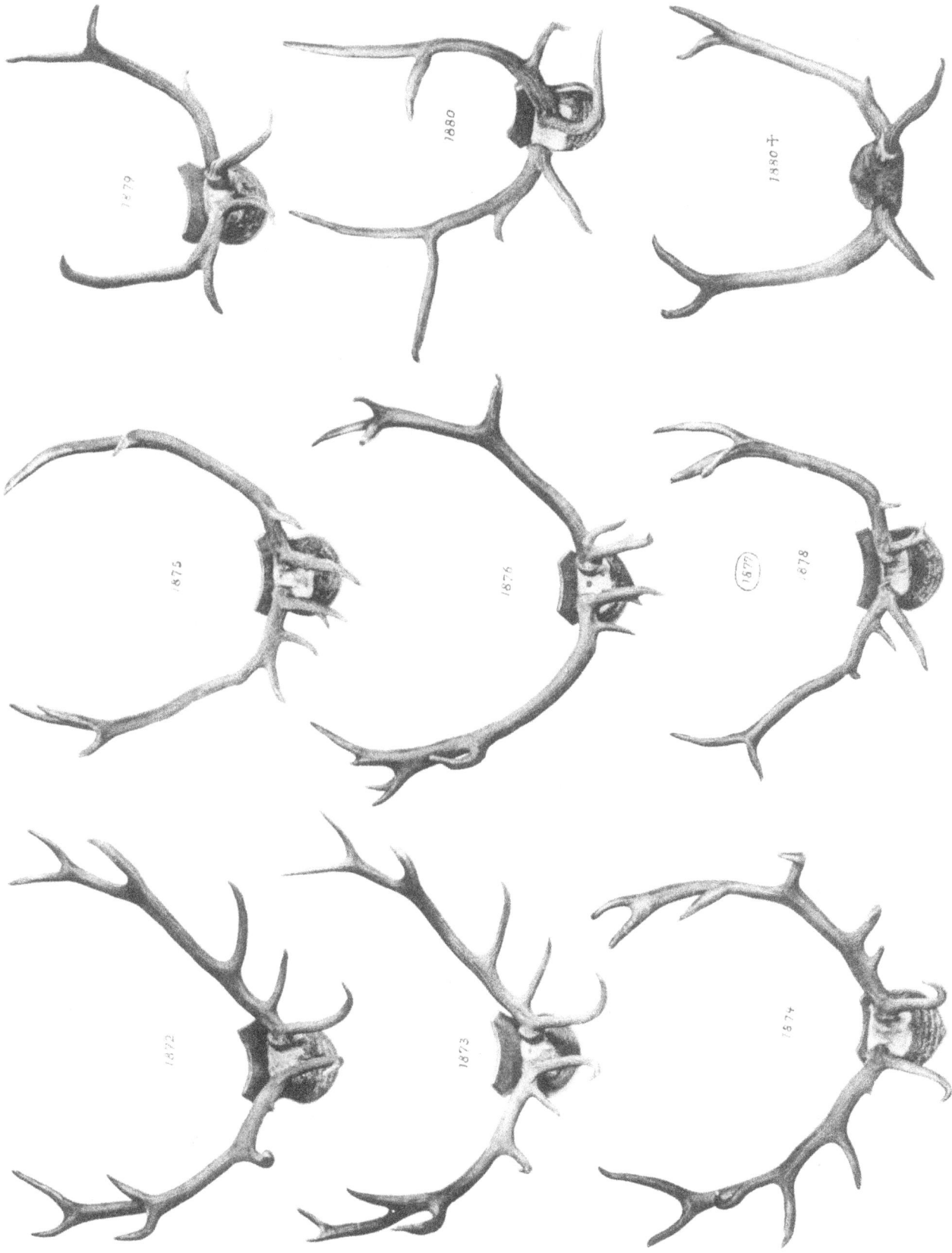

1879

1880

1880 †

1875

1876

(1877) 1878

1872

1873

1874

Lichtdruck: J. B. Obernetter, München.

Abh. d. math.-naturw. Abt. XXXI. Bd. 3. Abh.